告后

（西）埃利娅·里乌达维茨

（西）克里斯蒂安·奥利夫——著

（西）安娜·弗拉德拉——图

程超——译

NOTE TO SELF

经由书写
看见自己

跟自己
聊聊

自我探
索手册

在这里，你可以倾听内心，自我评价，自我理解（或者至少试着倾听．评价和理解自己，这是每个人都迫切需要的）．在这里，你可以关注自己的情绪，试着接受它们，与发生在自己身上的事和解，接纳自己的感受以及想要的东西．（天，这是我能说出来的话？）

这是一个让你稍稍放下手机（注意：只是稍稍，嘿嘿☺），与自身联结的机会．就这一会儿，只专注自身以及身边发生的事．

在这里，你能说出那些以前从来不敢高声大喊的东西．在这里，你可以远离压力．撕掉标签．放弃妥协．挖掘自己在滤镜以外真正想成为的人．

Contents目录

这本笔记是
只属于你的空间

关于我

什么能让我
开怀大笑?

空闲时喜欢做什么?

害怕什么?

什么让我乐意为之?

别撕
坏了!

最喜欢的电视剧/电影/书?

2

家里没人时喜欢干什么?

_____
_____
_____

最喜欢的菜?

_____
_____
_____

最大的心愿?

_____
_____
_____

什么东西能让我开心?

_____
_____
_____

什么能让我放松？

_____

_____

最喜欢的博主？

_____

_____

什么会让我紧张？

_____

_____

最大的怪癖？

_____

_____

提出你的
问题！

_____

_____

还有哪些
问题

_____

_____

从前的标签······

觉得家人是怎么看待自己的?

_____

_____

_____

在家的表现跟在
学校时一样吗?

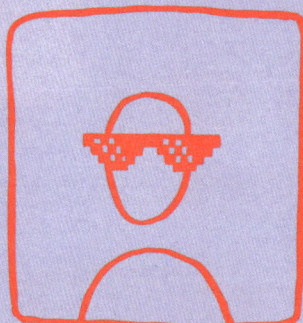

YES	NO

GOOD vs. BAD

觉得朋友是怎么看待自己的?

_____

_____

_____

喜欢家人对自己的看
法吗?

YES	NO

LOVE vs. HATE

自己真实的样子是?

_____

_____

_____

同意朋友对自己的
看法吗?

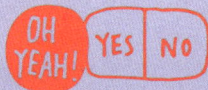

OH YEAH!

YES	NO

我的
自白

在听什么呢?

有什么不敢
公开承认的事情?

描述自己,
把给自己的私信
贴在这里吧.

贴上大头照吧

个人信息

YES / NO

微信和微博用的是同一个头像吗?
为什么?

_____
_____

微信头像是什么样的照片?

_____
_____

它能体现你的性格吗?

_____
_____

经常换头像吗? 为什么?

_____
_____

编辑个人信息

滤镜下的 好友

我最了解，
也最了解我的人是

_____

TA在所有社交软件上用的头像都一样吗？ YES/NO

TA的头像符合本人的气质吗？ YES/NO

9

TA的头像
是什么样子？

漫画形象

面带微笑

目光深沉，
仿佛在凝视无垠宇宙

面无表情

一只手遮住脸

眼睛看着镜头，
将脸巧妙地转向一侧

专注地直视镜头

嘟嘴

闭着一只眼，吐舌头

其他样子？

TA的头像加滤镜了吗?

_____

_____

_____

头像能看出TA的性格吗?

_____

_____

_____

TA头像的背景是什么?

_____

_____

_____

照片

开了

几级

美颜?

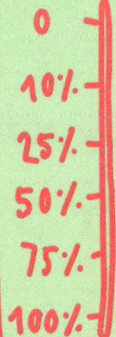

0

10%

25%

50%

75%

100%

仔细想想
你比任何人都要了解TA
这是/不是真的。

TA的真实性格是_____、
_____、_____。

这些都有/没有反映在
TA的头像中。

朋友圈

VS现实

拍一张跟你微信头像类似的照片，
但不要加滤镜和美颜，
就保持最初的样子……

你敢把两张照片放在一起吗？

BEFORE **AFTER**

真实照片

照片
粘贴处

VS.

照片
粘贴处

微信头像

12

现在呢？

这两张照片像吗？

你愿意用现在的照片换掉原来的头像吗？

如果愿意的话，你希望通过新头像表达什么？

_____

_____

_____

_____

_____

如果你不那么在乎美颜，就把社交软件上的头像都换了吧。

我的爱好

在听什么呢?
_____
_____
_____

✔
✔
✔
✔
✔
✔
✔

喜欢
做什么？

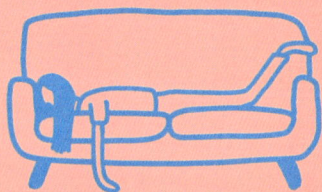

情绪不高时

_____

_____

星期天下午

_____

_____

考试前一晚

_____

_____

考完试的下午

_____

_____

_____

_____

被气到暴走时

_____

_____

_____

与暗恋对象
擦肩而过时

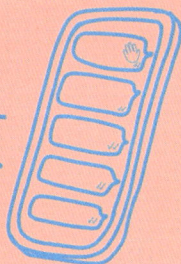

_____

_____

跟人大吵一架后

_____

_____

假期第一天

_____

_____

好不容易熬到周
末却下雨时

_____

_____

手机没流量时

_____

_____

得知一个好消息时

_____

_____

生日那天

_____

_____

公布成绩那天

_____

_____

熬夜追完剧时

_____

_____

被罚不许
出门时

_____

_____

没人可约时

_____

_____

学习到饥肠辘辘
打开冰箱发现没有吃的时

_____

_____

_____

微信崩了时

_____

被罚不能玩微博时

_____

讲真，我常忘事儿，
但这次，我们试试
遇到不顺时，能否把
爱好当作一条逃离压
力的路径。我想，这
应该有用……

手机里面有什么

- ☐ 微博
- ☐ 微信
- ☐ QQ
- ☐ 抖音
- ☐ 淘宝
- ☐ 哔哩哔哩
- ☐ 豆瓣
- ☐ 知乎
- ☐ 小红书
- ☐ 王者荣耀
- ☐ 网易云音乐
- ☐ 支付宝
- ☐ 腾讯视频
- ☐ 美图秀秀

还有啥?

_____

_____

_____

必不可少的三款软件是?

_____

_____

_____

它们分别是干什么的?

_____

_____

_____

如果不考虑可能带来的麻烦，
最想卸载的三款软件是?

_____

_____

_____

好吧，那就把它们卸载了吧，内存严重不足了!

19

我需要的 APP

我一直在找这样一款软件，
但一直找不到。
怎么会没人想到呢？
好吧……
自己来开发吧！

在听什么呢？

它的名称及图标

_____

_____

↖ LOGO

它是做什么的?

_____

_____

_____

它属于哪一类应用软件?

_____

它针对的用户平均年龄多大?

_____

人们一般会在什么情况下使用它?

_____

_____

有其他比较成功的类似软件吗?

_____

更喜欢什么

带上这本笔记找到你的朋友们，一起完成下面这些问题吧……

看文字还是看视频?

甜爆米花还是咸爆米花?

水果比萨还是海鲜比萨?

比萨还是汉堡?

手机支付还是现金支付?

爱情还是友情?

习惯用手肘
还是用脚尖关门?

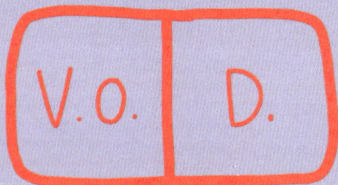

V.O. D.

原声还是配音?

泳池还是沙滩?

去海边还是爬山?

R P

说唱音乐还是流行音乐?

养宠物还是有兄弟姐妹?

聚会还是睡觉?

可乐还是芬达?

隐身术还是读心术?

倾诉还是倾听?

原著还是改编电影?

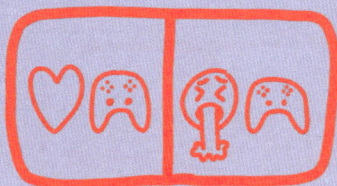

喜欢打游戏还是
讨厌打游戏?

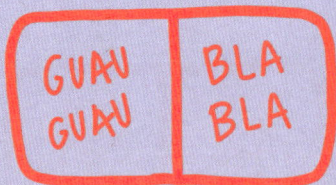

GUAU
GUAU

BLA
BLA

跟宠物说话还是跟人聊天?

发消息还是打电话?

asmr 🖐

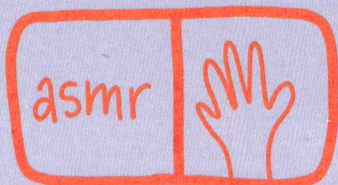

精神按摩还是身体按摩?

❄️ 🔥

冷还是热?

😴 😋

睡觉还是吃饭?

N 📽️

电视剧还是电影?

🚪 🚪

出门浪还是宅在家?

🕐 🕐

踩点到还是迟到?

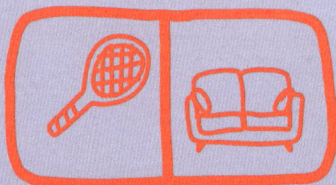

🎾 🛋️

运动还是躺着?

🍬 🍟

糖果还是薯片?

25

苹果还是安卓？

一口气刷完一部剧
还是一天一集慢慢看？

先洗头还是先洗身子？

电子书还是纸质书？

白色还是黑色？

先蘸水还是先挤牙膏？

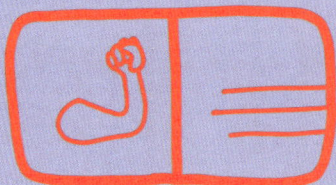

正面迎战还是先跑为敬？

还有更多的问题吗？

¿ _____ o
_____ ?

¿ _____ o
_____ ?

¿ _____ o
_____ ?

¿ _____ o
_____ ?

¿ _____ o
_____ ?

¿ _____ o
_____ ?

¿ _____ o
_____ ?

¿ _____ o
_____ ?

书包里面都有啥

你敢像网上那些开包视频一样秀一下自己的书包吗? 或者, 你也可以看看下面这个例子……

朋友们, 你们好呀!

今天的视频是关于一个大家期待已久, 同时我也非常想要跟大家分享的主题. 在开始前, 提醒大家不要忘了一键三连哟.

到今天为止, 我已经开学整整三个月了, 真是感觉度日如年啊! 相信你们也一样: 在开学之初踌躇满志, 制订各种每日必须完成的计划——上课认真专注, 完全把手机抛到脑后, 更不会跑去厕所里拍短视频……然而, 事实是, 一学期快过去了, 计划仍然只是计划……

好吧, 我不太清楚你们是不是也会这样. 但这学期, 我认真计划了必须要完成的一件事——对我的书包进行"断舍离". 虽然……最后没完成, 因为我发现书包里充满了回忆, 充满了那些能够让我回想起众多美好时光的东西. 不过, 还是得清理一下……

话不多说, 开始吧.

我敢肯定这是我包里最重要的东西．手机没电，还不如杀了我！

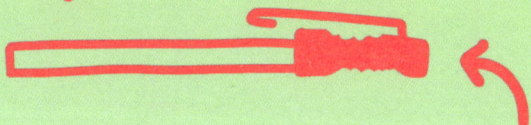

AGENDA

这是我曾经最喜欢的笔．说是"曾经"，是因为我把它塞到包里就忘了，结果现在它成了这样，有点儿恶心……

那天，我在学校走廊与他擦肩而过．我觉得他好像想跟我打招呼，但其实他是在问候我后面的那个人．真是尴尬了……

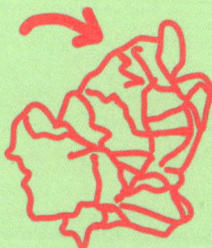

这个本子是我整个包里最干净的东西了，因为基本没打开过．你会用日程本吗？反正我不会．

这是一张不知道什么时候的试卷．老师给我打的分数非常不公平——他挂了我……我只想把它塞到书包最底下．

取秀一下
你的书包吗

请按照
上一页的模板
进行描述。

把书包里所有
的东西都画出
来吧.

30

在听什么呢?

特别的一天

发生了什么?

怎么发生的?

在哪儿发生的?

当时还有谁?

最大的梦想是什么?

喜欢学习吗?
还喜欢什么?

梦想

梦想中的工作是什么样子的?

梦想中的
家是什么
样子的?

想在哪个国家或城市
生活?

想要维持什么样的友谊?

梦想中的旅行是什么样子的?

目标

未来希望找到伴侣吗?

未来希望有小孩吗?

渴望成功的领域是?

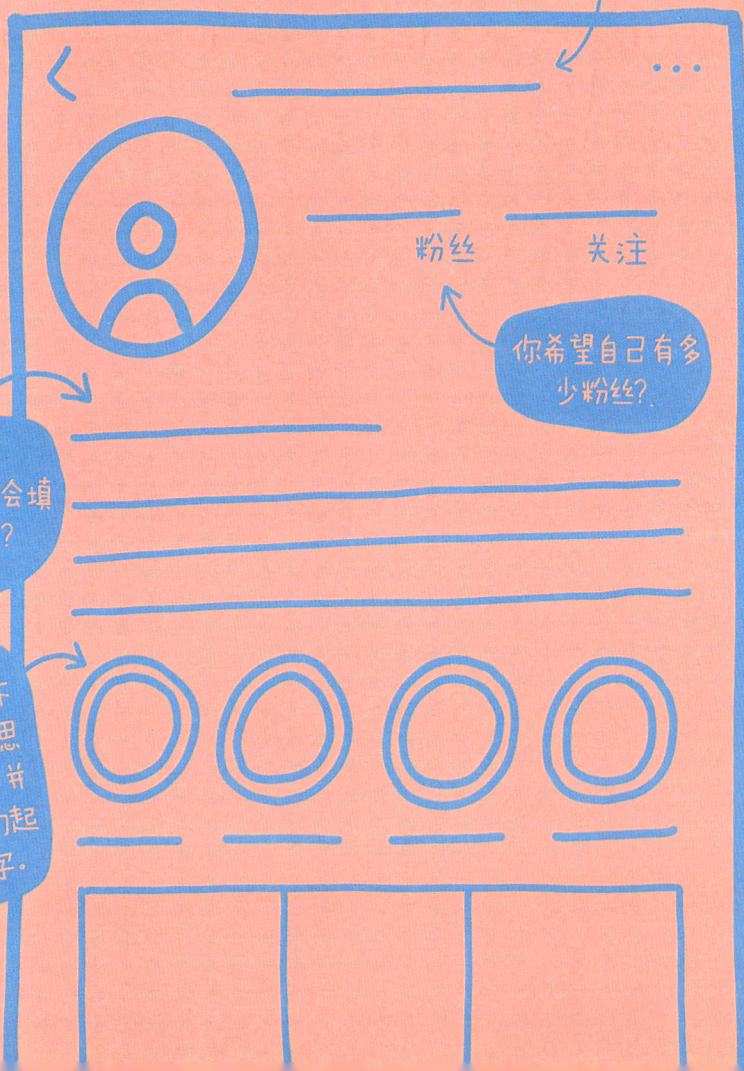

给未来的自己发信息

你们之间会发生怎样的对话?

会说些什么?

最想问自己的问题是什么?

梦想都实现了吗?

克服自己的恐惧了吗?

家人理解自己了吗?

还跟多少老朋友保持着联系?

学会相信自己了吗?

幸福吗?

Challenge 挑战

敢向自己提出上一页的那些问题吗?

你与未来的自己还会发生怎样的对话?

（提问与回答）

 你绝不会猜到我是谁……

嗯？说来听听……

在听什么呢？

糟糕的棕色

上一次与别人发生争吵是因为什么？
事情大概是这样的……

把这几页留着，
等需要宣泄的
时候用吧。

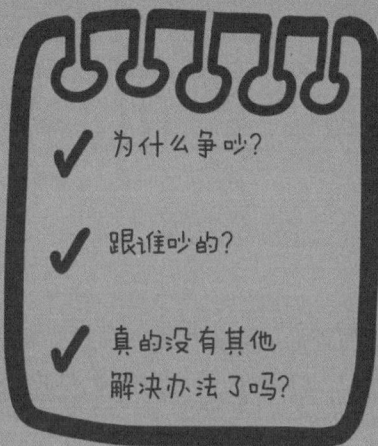

✓ 为什么争吵?

✓ 跟谁吵的?

✓ 真的没有其他
解决办法了吗?

心情如何

我们往往不知道该如何诉说当下的感受。

有人说，一张图胜过千言万语，所以聊微信时，我喜欢用表情包。

有些歌很能打动我，因为我觉得歌词说的就是我的经历。当我觉得孤独时，属于我的那首歌会在脑海中突然响起。当然我不否认，那会让我更难过，但同时也会感到安慰，因为除了我之外，至少还有别人有过类似的感受。

有人说，这不过是傻瓜的慰藉。

但对我有用。

阿玛雅[1]的歌中唱道："我无法集中注意力，我想我爱上你了，但是你又让我感到害怕。这怎么可能呢？请帮帮我吧。"我能用一个表情就总结出这种感觉。

① 西班牙著名歌手.

下面的表情
分别能用哪些歌词表达

Challenge 挑战

挑选一句你喜欢的歌词，配上照片，发到朋友圈里，并且带上#滤镜以外#的标签。

我的观点 My Opinion

衣柜里面
好黑啊……

为了鼓励我最好的朋友做一些
TA之前不敢做的事，我会对TA
说些什么？

既然说到了这里

我想起了以前遇到过的
一次事件……

具体发生了什么？
当时的感受是？
之后还发生过类似的事情吗？

最喜欢的

博主 😍

视频创作博主

_____

摄影博主

_____

读书博主

_____

游戏博主

_____

美食博主

_____

时尚或美妆博主

_____

搞笑博主

_____

旅游博主

_____

健身博主

_____

宠物博主

_____

教育博主

_____

为什么喜欢他们？

_____

_____

他们展示了怎样的生活态度？

_____

_____

你想模仿其中的某些内容吗？想模仿哪些？为什么？

_____

_____

他们创作的内容真正想表达的是什么？

_____

_____

48

少一些做作，多一些真实

在这些博主所发布的内容中，能找到最不真实、最像摆拍的照片或视频吗？

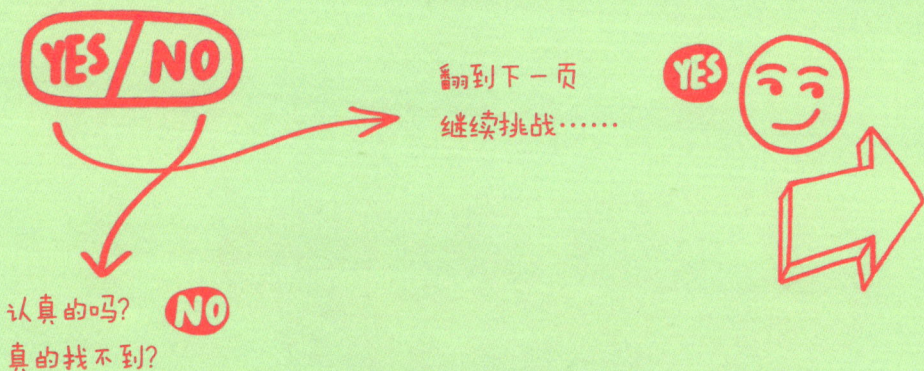

YES/NO

翻到下一页
继续挑战……

YES

认真的吗？ **NO**
真的找不到？

★ 真的找不到任何展示"完美生活"的内容吗？

★ 他们是怎么做到早上起床眼角没眼屎，床单也不皱的？

★ 他们又是怎么做到从水里出来发型一丝不乱的？

★ 他们的食物看起来为什么总是如此诱人？

★ 他们到底有多少件衣服，才能保证穿搭从不重复？

★ 他们为什么总能幸运地找到一个远离人群的空旷沙滩？

Challenge 挑战

少一些滤镜

对这些照片或视频进行二次创作，并在里面加上一些真实的内容。

把最终成果贴在下面吧。

（如果是视频，可以贴上截图）

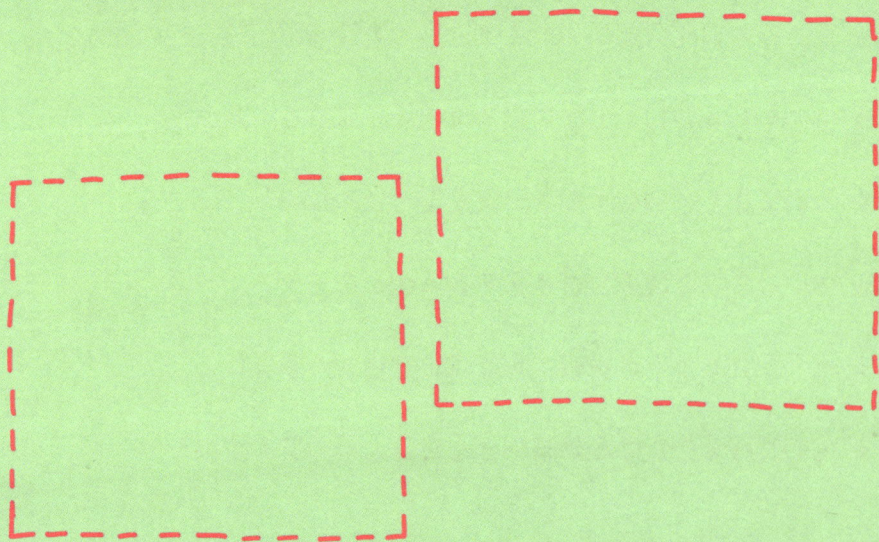

50

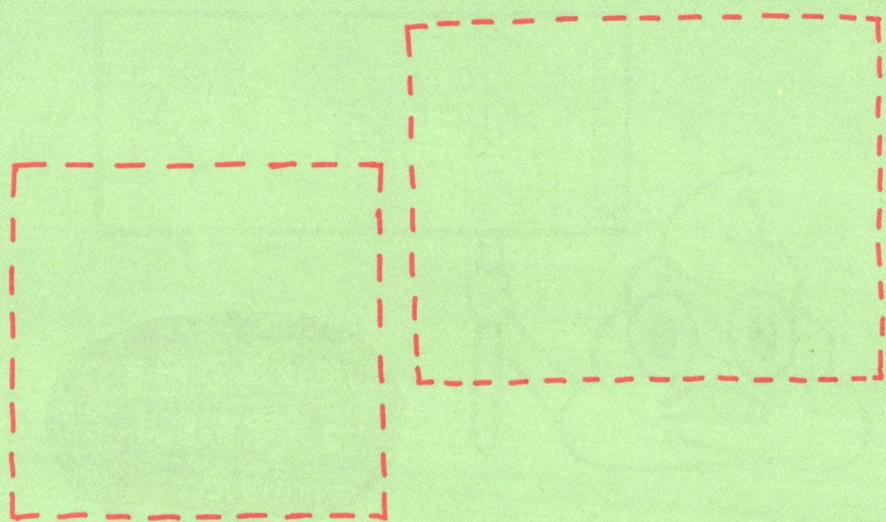

做了哪些修改?

_____

_____

更喜欢之前还是现在的版本?

_____

_____

为什么?

_____

_____

就像人们常说的: 少即是多。
少一些摆拍, 就能多很多真实。

糟糕的一天

把这几页留着，等需要宣泄的时候用吧。

✔	发生了什么?
✔	预感到它会发生吗?
✔	有办法解决吗?

在听什么呢?

令人尴尬的问题

想挑战哪位
"网红" 呢?

提出一些令人尴尬的问题?

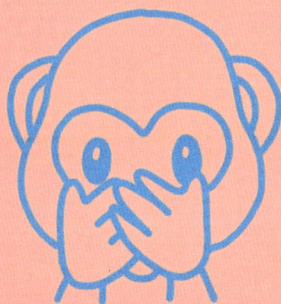

_____

初吻是在几岁?

会在公共场合放屁吗?

一个月最多挣过多少钱?

还想问什么其他的问题?
丢掉滤镜!

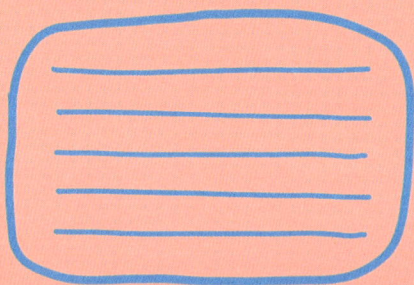

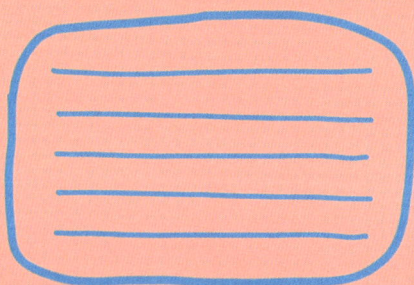

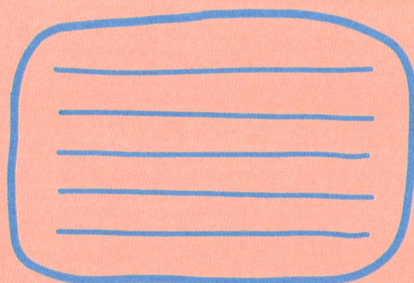

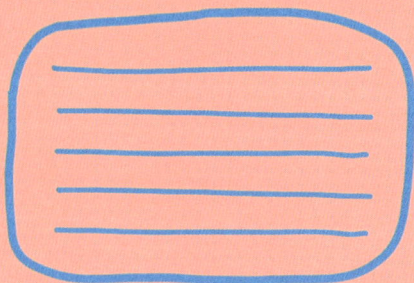

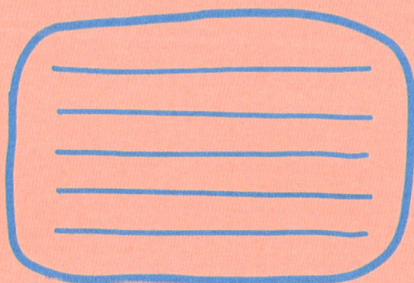

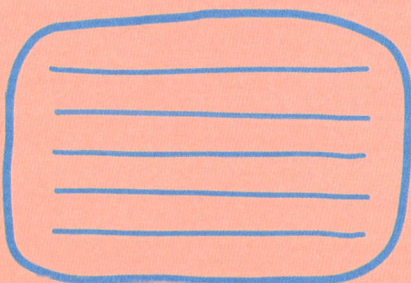

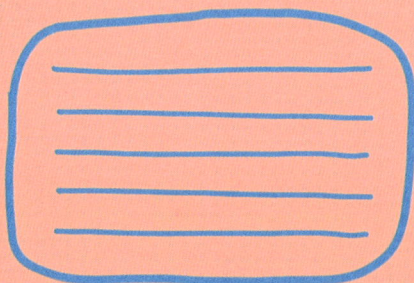

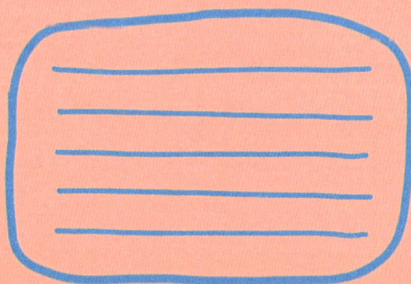

无与伦比的一天

把这几页留着，等你被喜悦包围的时候用吧。

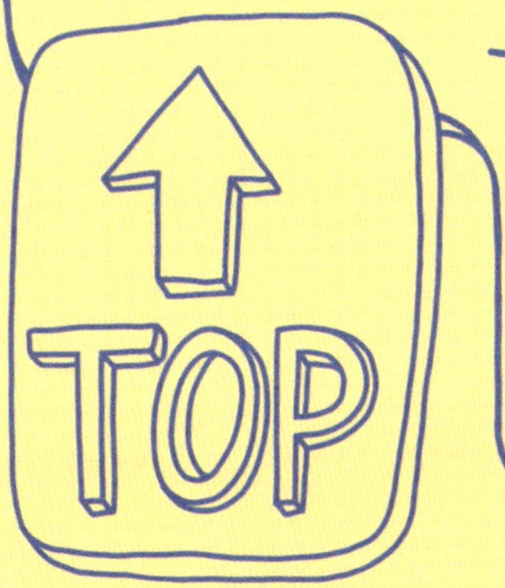

在听什么呢?

57

被困在争吵中

跟人争吵时，由于大脑突然陷入空白，我们往往会觉得自己"没发挥好"，把这几页留着，记录下那些你本该能想到的辩驳。

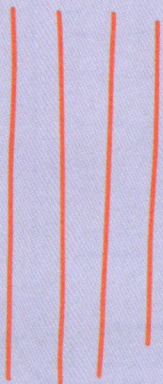

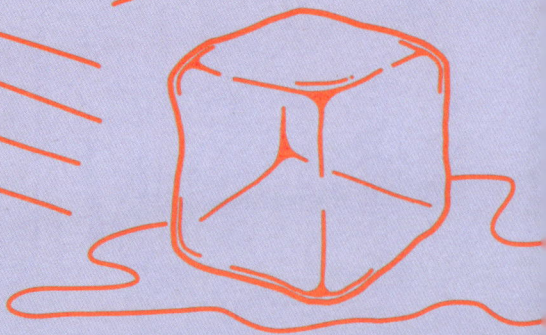

在听什么呢?

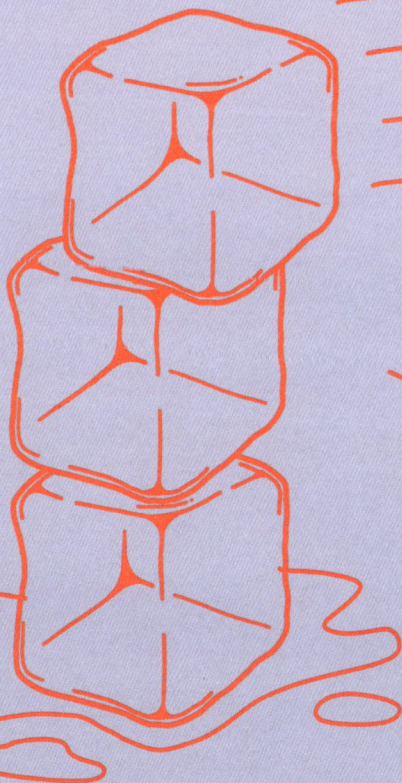

我 的 偶像

把偶像的照片
贴在这里

TA的名字是?

_____

_____

TA出生在?

_____

TA生活在?

_____

TA的生日是?

_____

TA的职业是?

_____

_____

TA的爱好是?

_____

_____

为什么喜欢TA?

_____

_____

_____

TA有哪些优点?

_____

_____

60

我想向大家介绍……

Challenge 挑战

想象一下：你在商场见到了偶像，并且成功邀请TA来参加你的生日派对。那天，你会怎么向朋友们介绍TA呢？
提示：如果大脑一时空白，可以用上一页提到的那些问题。

 # 出其不意　　# 夺人眼球　　# 别紧张

大家好！介绍一下，
这位是……

_____

_____

_____

_____

_____

_____

_____

我想成为你

某一刻，我曾经幻想过成为TA。
我喜欢TA的样子，觉得TA浑身都是优点，
TA就是我学习的榜样。
如果我能下决心学习TA身上所有的优点，
我就能成为更好的自己。

注意！我们的目标并不是成为某个人的翻版，你是独一无二的，你也必须捍卫那些让你与众不同的特质。也不是让你改变那些自己身上根深蒂固的东西，这样做只会让我们一直去想那些让自己不开心的事。

我们要做的，是改变那些可以有所改进的地方，蜕变成更好的自己。你能够轻易地接受自己的不足吗？

写下你觉得为了成为更好的自己，
应该改变的地方。

我喜欢的剧

最近看的一部剧是什么?

到目前为止, 最喜欢的是哪一集?

这是一部什么主题的剧?

是一口气追完的吗?

YES / NO

剧情梗概是?

这部剧一共多少集?

我当然希望它越长越好, 但是这样我就得一直等更新, 或者等到它无法更新……

新剧首播

等更新的日子好难熬，预热宣传了这么久，
新剧一定会让我惊喜连连吧……

可以描述一下
大概的剧情吗?

第1集
标题: _____
_____
_____

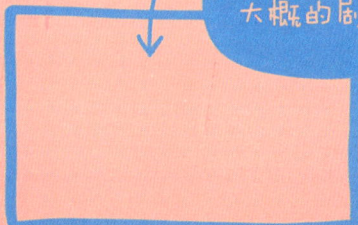

第2集
标题: _____
_____
_____

第3集
标题: _____
_____
_____

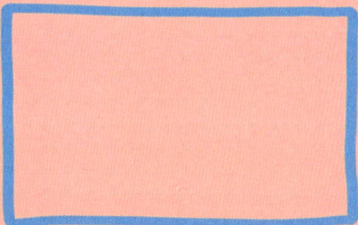

第4集
标题: _____
_____
_____

我的

"本命剧"

剧集名称:

_____

它常被打上的标签:

#浪漫　#喜剧　#恐怖　#惊悚

#冒险　#青春期　#权谋　#动作

#穿越　#超级英雄　#玄幻

最多标记!

主要情节:

_____
_____
_____
_____
_____

如果没有灵感, 可以翻一下你最常看的视频平台的历史观看记录.

FAV 最喜欢的角色

姓名

剧集名称

在剧集开头的时候, TA是什么样的?

角色在剧集中的重要性

动机/目标

外貌特征

性格特征

同一阵营人物

对立阵营人物

结局如何

67

虚构
角色卡

在我的"本命剧"中,
我的角色卡应该是这样的:

在这里贴上代表你角
色的演员照片

姓名

剧集名称

角色在剧集中的重要性

动机/目标

同一阵营人物　对立阵营人物

在剧集开头的时候,TA是什
么样的?

外貌特征

性格特征　　　结局如何

在剧集结尾的时候,
TA是什么样的?

"本命剧" 角色分配

以下是将出演我"本命剧"的演员：

主　角

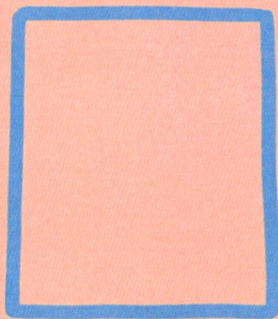

演员姓名

饰演

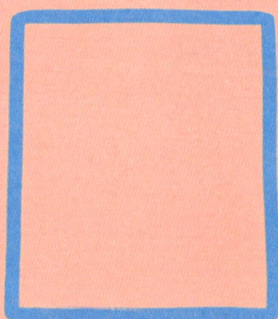

演员姓名

饰演

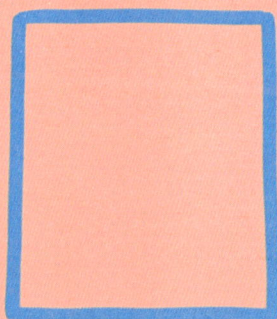

演员姓名

饰演

配　角

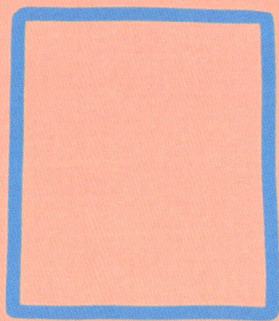

演员姓名

_____

饰演

_____

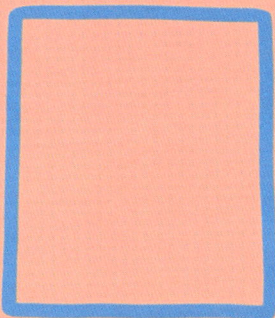

演员姓名

_____

饰演

_____

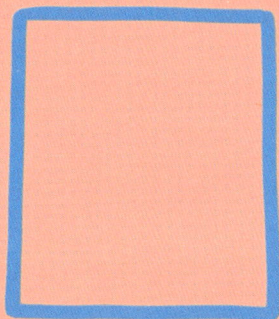

演员姓名

_____

饰演

_____

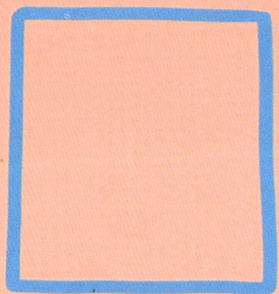

演员姓名

_____

饰演

_____

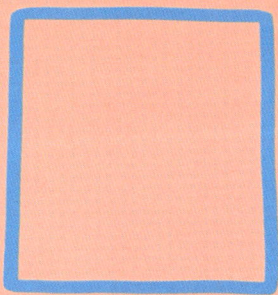

演员姓名

_____

饰演

_____

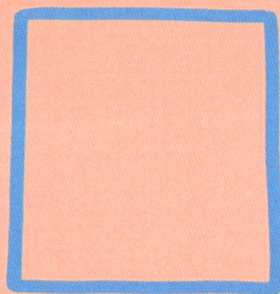

演员姓名

_____

饰演

_____

最佳
剧情

我的"本命剧"中一定会有一个特别能打动观众的情节。可以是搞笑的、感人的，也可以是所有情节中最特别的那个。把它写下来吧。

回忆一下你亲身经历过的某个情节，或者干脆编一个吧！下面提供了几项基础指引。

情节名称：＿＿＿＿＿＿＿＿＿＿＿＿＿＿

参与角色：＿＿＿＿＿＿＿＿＿＿＿＿＿＿

地点：＿＿＿＿＿＿＿＿＿＿＿＿＿＿＿＿

人物对话：

写剧本时，人物对话应当居中，并留有左右边距。然后在对话上方大大地写上角色名。按照这个模板来创作你的人物对话吧！

人物动作和场景信息（空间环境、人物动作、角色姿势等）接在对话后，无须居中。

情节名称：_____

参与角色：_____

地点：_____

如果想描述得更清楚，可以配图。

72

在听什么呢？

_____
_____
_____

THE END

宣传活动

"本命剧"定下了首播日期,
现在需要一场宣传活动.
你都听说过哪些剧作的宣传语?

_____

_____

_____

_____

_____

_____

"本命剧"
海报

你会怎么画这幅海报?

再创作一句宣传语吧.

你想在哪个平台播放呢?

我的
心动对象

我们都不要自欺欺人了.

我曾经很多次陷入爱情.

我爱上过晨光熹微

但爱意在晚上就消失了.

我爱上过正午烈日,

但爱意在晚上就消退了.

我爱上过日薄西山,

但爱意在晚上就消散了.

我也爱上过夜色撩人,

有时候, 爱意会停留,

啊! 这磨人的爱啊……

＃ 戏太多了

你知道心动对象的微博账号吗？你能根据所知道的信息，创建一个TA的微博主页吗？TA的自我介绍会怎么写？会有一些特别的词句吗？会用表情符号吗？大概是这样吧……

现在是我的创作时刻

第一次"约会"

（对，就是这个）

💛 想象中，跟心动对象第一次出去玩儿会是怎样？

发挥你的
想象力

_____

_____

想去哪里玩儿？

_____

_____

💛 想象中，你们第一次牵手是怎么发生的？

💛 _____

_____

如果这些事真的发生了，
记住要做你想做的。
（不就是不！）

用童话的口吻描述一下你们第一次出去玩儿的感受吧.

尤其别忘了加滤镜,
毕竟这是你想象的童话故事.

令人尴尬的问题

* 轮到你了 *

你可以回答之前向喜欢的"网红"提出的那些问题吗?

*详见第54—55页

提问: ————————————

回答: ————————————

提问: ————————————

回答: ————————————

提问: ————————————

回答: ————————————

提问: ————————————

回答: ————————————

提问： ————————
————————————
————————————
————————————
回答： ————————
————————————
————————————
————————————

提问： ————————
————————————
————————————
回答： ————————
————————————
————————————

提问： ————————
————————————
————————————
回答： ————————
————————————
————————————

提问： ————————
————————————
————————————
回答： ————————
————————————
————————————

提问： ————————
————————————
————————————
回答： ————————
————————————
————————————

提问： ————————
————————————
————————————
回答： ————————
————————————
————————————

提问: ————
————
————
————
回答: ————
————
————

提问: ————
————
————
————
回答: ————
————
————

如果不行的话（真的不行吗？），可以重新提一些温和的问题……

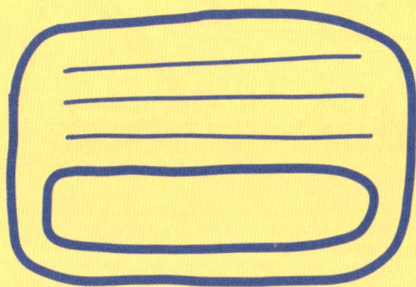

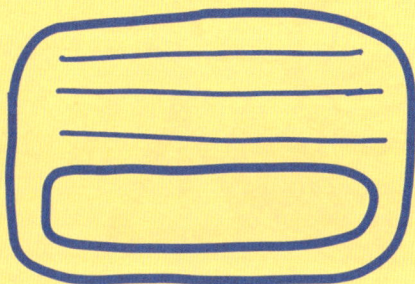

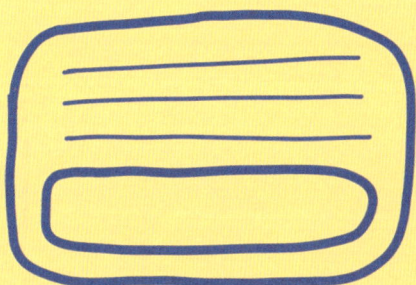

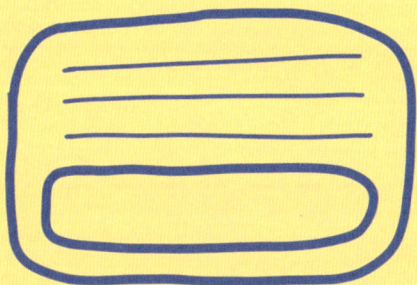

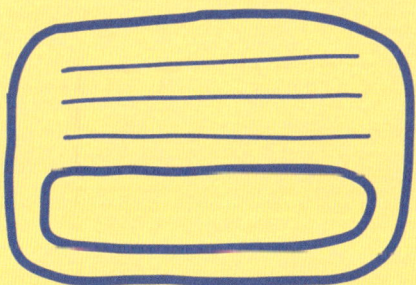

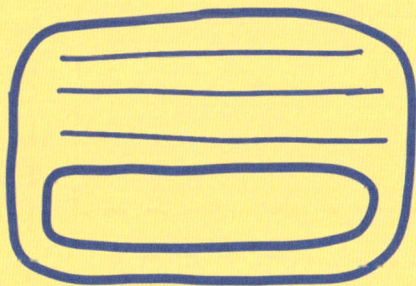

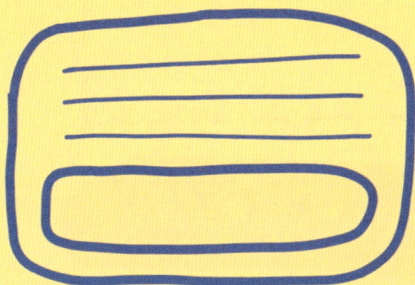

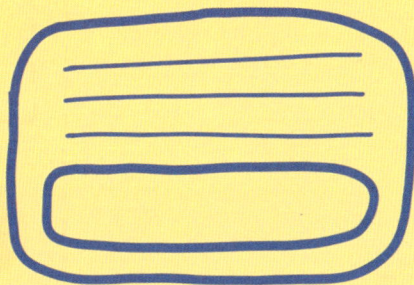

我的房间

禁止进入！

No Entry

这是我的房间……

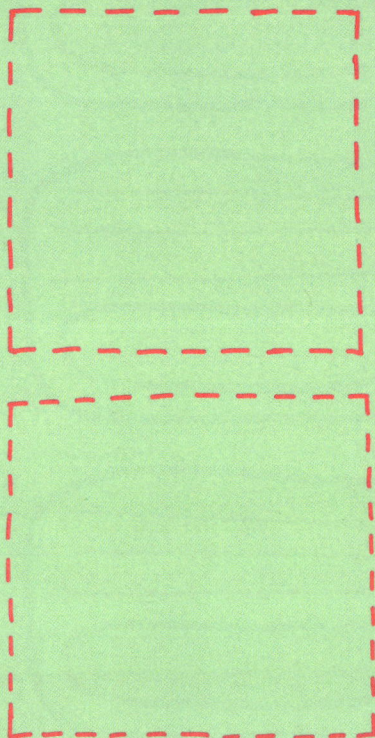

贴上房间的照片吧。

这是我在家里待的时间最长，也最令我感到舒服的空间。爸爸妈妈总是进来叫我吃饭或是出去跟大家待一会儿。

可以的话，我能在房间里待上整整一天。所以，我希望房间里所有的东西都能彰显个性——代表我自己。

房间里我最喜欢的东西：

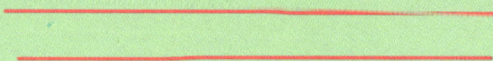

我可以在房间里做任何事，比如：

当我感觉……的时候，尤其喜欢待在房间里：

DIY 房间改造

"DIY" 是 "do it yourself" 的缩写，
意思是自己动手进行创意制作。
今日计划：房间改造
有时候，一点点改变并不是坏事……

你想改变房间里的哪些地方？

✔
✔
✔
✔
✔
✔
✔

请记得

找到一个让自己感到舒服的空间是非常重要的。理想的状态是房间能随着我们自身的改变而改变，这样我们就能享受这个独属于自己的空间。但要记住：最重要的是回收和重新利用现有的东西，这样能极大地减少对环境的破坏。也许，只是简单地改变物品摆放的位置，或是把一些闲置的家具改造成更需要的物品，就会让房间焕然一新，完全没必要买新的。

改造前：

```
┌ ─ ─ ─ ─ ─ ─ ─ ┐   ┌ ─ ─ ─ ─ ─ ─ ─ ┐
│               │   │               │
│               │   │               │
│     之前       │   │     之前       │
│               │   │               │
│               │   │               │
└ ─ ─ ─ ─ ─ ─ ─ ┘   └ ─ ─ ─ ─ ─ ─ ─ ┘
```

我做了这些事，我改变了：＿＿＿＿＿＿＿＿＿＿

＿＿＿＿＿＿＿＿＿＿＿＿＿＿＿＿＿＿＿＿＿＿

＿＿＿＿＿＿＿＿＿＿＿＿＿＿＿＿＿＿＿＿＿＿

＿＿＿＿＿＿＿＿＿＿＿＿＿＿＿＿＿＿＿＿＿＿

＿＿＿＿＿＿＿＿＿＿＿＿＿＿＿＿＿＿＿＿＿＿

改造后：

```
┌ ─ ─ ─ ─ ─ ─ ─ ┐   ┌ ─ ─ ─ ─ ─ ─ ─ ┐
│               │   │               │
│               │   │               │
│     现在       │   │     现在       │
│               │   │               │
│               │   │               │
└ ─ ─ ─ ─ ─ ─ ─ ┘   └ ─ ─ ─ ─ ─ ─ ─ ┘
```

房间参观

你看过"参观我的房间"之类的视频吗?

现在非常流行通过这种方式向屏幕前的观众展示自己的房间.

在视频平台上找找你最喜欢的博主发布的"房间参观"视频,看看TA是怎么介绍自己房间的.如果TA没有发布过这类视频,就看看平台上点击量最多的那个,这些视频能带给你灵感.

我最喜欢的博主是 _____

_____

YES/NO TA发布过"房间参观"的视频吗?

我看过……的"房间参观"视频 _____

_____

TA的"房间参观"视频可以分为几个部分……

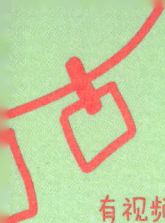

有视频介绍吗?
TA为什么要拍这个视频?

_____

_____

TA介绍了房间里的哪些东西?

_____

_____

_____

TA展示了哪些空间?

_____

_____

_____

TA的房间里，我最喜欢的是……

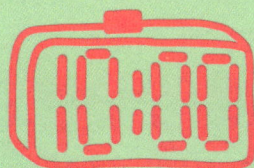

_____

_____

_____

_____

_____

_____

轮到你了，
现在请你带领大家参观自己的房间。

记住

使用适当的词语和表情，有助于
大家理解房间内家具的分布。当
别人读到这段文字时，即使从来
没有去过，也能想象出来。

糟糕的棕色

"**山**"

前几页（第40-41页）困扰你的问题解决了吗？
怎么解决的呢？

_____

_____

_____

_____

_____

_____

_____

_____

_____

如果还没有找到解决办法……现在也是时候了。但直
觉告诉我，从现在起，棕色页的话题可能要成为一个
无休止的麻烦了……

宣泄的空间

（新旧麻烦）

我的观点 My Opinion

在选秀节目结束时，主办方将每位参赛者演唱的歌曲制成了一张唱片，并附上了一本趣味杂志和一张歌手的艺术照，用来回馈粉丝。

节目冠军在把照片寄给粉丝前，自己画上了被修图修掉的腋毛。

她通过这种方式表达自己的态度与坚持。
那么你呢？你会怎么做？

现在，轮到你了……

这个话题让我回忆起了不久前……

_____

_____

_____

_____

_____

_____

_____

_____

_____

_____

_____

当时发生了什么？

你的感受如何？

做出了什么反应？

还发生过类似的

事情吗？

也就是说

关于……

换言之，

而且……

我认为……

在我看来，

我觉得……

反之，

在听什么呢？

关于这个话题，最近看到过什么比较有冲击性的新闻吗？

YES/NO

什么新闻？
_____
_____
_____
_____

另外一些类似的例子。
_____
_____
_____

有时候……？

有人告诉过我，因为我是女孩/男孩，所以不能……

YES/NO

我曾经遇到过，因为我是女孩/男孩，所以必须……

YES/NO

我们能够做些什么？

✔ _____
✔ _____
✔ _____
✔ _____
✔ _____
✔ _____
✔ _____
✔ _____

那么我呢？我能够做些什么？

✔ _____
✔ _____
✔ _____
✔ _____
✔ _____

微信挑战

把最新收到的微信消息抄到这里.

还有最近发出去的那条.

那条我一直不敢发出去的消息.

把你希望实现, 但却不可能发生的微信对话写下来. 反正做梦又不要钱.

诚实的孩子会得到奖励.

嘿!

干吗呢?

99

Challenge 挑战

在笑什么

打开微信，找出你上一次用"哈哈哈"回复的对话。
你的"哈哈哈"是怎么写的？

_____

有时候，在某个特定的场合，一句简单的"哈哈哈"就能
表达我们的情绪。写出你会用下面几种笑来回答的情况：

_____   _____
哈哈哈！！！   哈哈哈哈哈哈哈哈

_____   _____
呵呵   哈哈哈

_____   _____
哈~哈~哈~   嘿嘿

你还用过
其他类型的笑吗？ _____

看不见 我

聊天时，偶尔会因为他人错误解读了自己的话而发生误会。

当然，有时我也会"上头"误解别人，因为人总会觉得自己的想象就是事实……

看看下面这个例子吧……

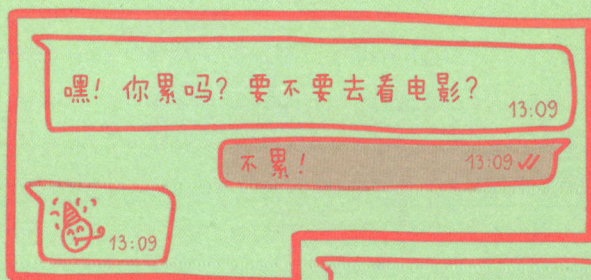

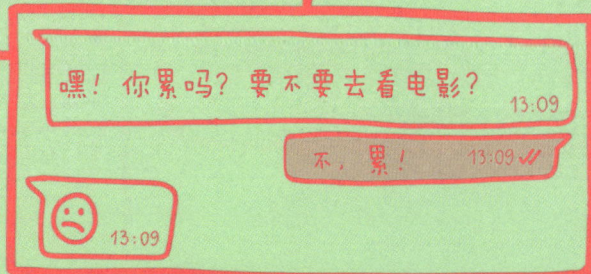

嘿！你累吗？要不要去看电影？ 13:09

不累！ 13:09 ✓✓

🥳 13:09

嘿！你累吗？要不要去看电影？ 13:09

不，累！ 13:09 ✓✓

☹ 13:09

我爱你，但只是朋友 😊 11:45 ✓✓

你爱上了你的朋友？ 😐 11:46

不，我是说你 😄 11:47 ✓✓

你说我爱上了朋友？ 😞 11:47

哈哈哈，我和你！我俩是朋友！ 11:48 ✓✓

那我们相爱了？ 😀 11:49

😡 11:49 ✓✓

你想去哪里？ 18:21 ✓✓

衰你 18:27

你在说什么？ 18:28 ✓✓

我想说的是随你！！！这该死的输入法！ 18:28

嗯……好吧 18:28 ✓✓

刚刚吃了个水果 🍑 12:39

你可真直接 12:39 ✓✓

啥？ 12:39

别解释了，你已经说得很清楚了 12:39 ✓✓

我不明白。我刚刚在冰箱里发现了一个桃子，然后把它吃了 12:40

啊……我理解成了别的东西 😄 12:40 ✓✓

今晚我做了晚餐，你有约了吗 19:51 ✓✓

不！ 19:51

好好好，不来就不来，没必要吼出来 19:52 ✓✓

我想说的是我没有约…… 19:52

好吧，那待会儿见 19:52 ✓✓

102

一段由于误解而发生的离奇对话是怎样的？发挥想象吧。

恐惧
也是我的一部分

最害怕什么?

这种恐惧令我无法······

为什么会产生这种恐惧?

试过直面它吗?

如果没有这种恐惧,
人生会有什么改变?

在斯蒂芬·金的小说中，怪物潘尼怀斯假扮成小丑的样子，以便接近孩子们。同时，它还隐藏着一个极其恐怖的秘密——能变幻成人们内心深处最恐惧的样子，让他们毫无抵抗之力。你越是害怕，它就越是强大。

《哈利·波特》中，幻形怪博格特也能变幻自己的外表。虽然它能变成人们最害怕的事物，但通过咒语"可笑至极"，就能把它变成引人发笑的东西。

你也可以这样做，将恐惧的东西画成搞笑的样子，就能在心底生出强大的力量。

画下来吧

_____
_____
_____
_____
_____
_____
_____

勇敢点儿，用你害怕的事物创作一个表情包，
把它发布到社交平台上，
并带上#滤镜以外#的标签吧。

造型录

穿衣风格固定吗? 为什么?

_____

_____

老师和家长对你穿的衣服有要求吗?

_____

_____

嗨, 年轻人!

喜欢 潮酷范?

还是 商务范?

曾因穿衣打扮遭受过非议吗?

_____

喜欢名牌服饰吗? 为什么?

_____

_____

觉得自己的穿搭属于哪个群体?

_____

_____

有自己的穿衣风格吗?

除了校服, 上学的时候喜欢穿什么?

_____

家庭聚会时喜欢穿什么?

_____

_____

画出你的理想造型，
并进行描述。

衣橱之旅

衣橱仿佛也被加了滤镜, 坦白时间到……

现在, 用一个词来形容你的衣橱:

绝对不能缺少的衣服是:

你的衣服主要是什么风格:

买了但是一次都没穿的衣服是:

最喜欢的样式和图案是:

主色系是:

一件不属于自己的衣服是:

Challenge 挑战

试着描述自己的衣橱，可以加上图片，也可以加上滤镜来美化。

_____

_____

_____

_____

_____

_____

_____

_____

_____

_____

_____

_____

_____

朋友圈"诗人"

你喜欢诗歌吗？不管你喜不喜欢，朋友圈诗人们的各种动态都会成为我们去探索诗歌的最佳理由。这一代诗人，开始在朋友圈分享各自的作品小段。

你看过其中某部作品吗？

我们总是害怕说"我爱你"，
害怕对方的感受并不相同，
害怕感到脆弱无助，
就像爱情本身不是一件好事。

你用沉默表达的东西，
比这个世界上的其他人
一辈子说出来的都多，
这是个问题，
也可能不是。

@诗人1

110

为已经过去的事悔恨，
就像涂改自传。

人的一生从来不缺少
做梦的时间。
生活就像一场戏，
而你就是艺术本身。

@诗人 2

小巷

我不知道这是哪里，
但是希望能找个好借口
不用离开。

我不知道我们能得到什么，
但是我们会全力以赴。

@诗人 3

也许，
纠结之处就在于：
接受自己的人生，
要保持怀念但不至自苦，
把它当作一种解药。

不知道自己的独特之处，
才让你显得独特。
鸟儿不懂什么是飞翔，
甚至不懂什么是蓝天。

@诗人 4

我害怕自己的余生
一直想过曾经
害怕过的生活。

你经历了什么样的磨难，
才会让你久久无法
进入我的生命。

@诗人 5

你喜欢诗歌吗？

YES / NO

认识的人里，有没有谁喜欢在朋友圈
分享一些富有诗意的词句？

你能在社交平台上找到一些小
诗吗？

把你最喜欢的段落
抄录在这里吧。

打开朋友圈，找找看有没有带
着#诗歌#以及#即兴诗歌#标签
的内容。

有没有找到一些对你有所启
发，能感动你或是令你深思的
内容？

我就是 "诗人"
朋友圈

真正的勇士敢于
表达自己的感受。
加油吧，诗人！

把自己创作的诗歌
写下来吧。

在听什么呢？

_____

_____

_____

朋友圈文案

摘抄几句可以用来当朋友圈文案的句子.

某首歌里让我感动到
流泪的歌词

正在看的书里的
一句话

在网上看到的
一句诗

热播剧里的
一句台词

喜欢的电影里的
一句对白

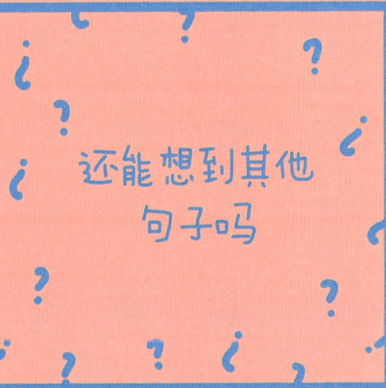

还能想到其他
句子吗

失意的
一天

在听什么呢?

FAIL

- 发生了什么事？
- 有什么发生了改变？
- 明天会好起来吧……

119

随便写写

你是个怪人吗？其他人都怎么看待你？

_____

_____

_____

人们会忽视你吗？你对此有何反应？

_____

社交平台上的头像是自己真实的照片吗？
哪些部分是假的？

_____

_____

是不是父母越不让你做什么，你越是想做？比如？

_____

_____

希望自己能过上朋友圈里别人展示的生活吗？相比之下，
觉得自己的生活里还缺少什么？

_____

_____

你会为在海上失去方向、下落不明的人担心吗？你要是他们，会有什么感受？

_____

_____

更喜欢幻想世界还是残酷现实？为什么？

_____ _____

_____ _____

_____ _____

_____ _____

虽然没有必要，但希望每年都换部新手机吗？到目前为止，换过几部手机？

会前一天还待人温柔和善，却在第二天表现得让人无法忍受吗？你向这个世界展现了多少面？

_____

_____

_____

能忍受作者挖坑不填吗？哪一部电视剧的剧透伤你最深？

_____

_____

_____

模仿文学大师

我们总能在某首歌的歌词里找到认同感，当你知道，除你之外，还有别人与你有着相同的感受时，连遗憾也会变得更美好……我想，这大概就是傻瓜的慰藉吧……

在文学世界里，人物永不过时，因为我们所关心的问题和情感的归宿是亘古不变的。

你想成为文学家吗？把自己的创作与下列文学大师的作品相比，就能知道你和谁的风格最相近……

格里高尔·萨姆沙[1]

《 可是这只动物却在迫害我们，他赶走了房客，显然想占据整间公寓，让我们露宿街头。**》**

[1] 奥地利作家卡夫卡创作的小说《变形记》中的人物。

科学怪人
弗兰肯斯坦❶

《 所有的人都恨我，回避我，难道不是这样吗? 》

道林·格雷❷

《 他越来越迷恋自己的美，对自己灵魂的堕落也越发感兴趣. 》

❶英国作家玛丽·雪莱创作的小说《弗兰肯斯坦》中的人物.
❷英国作家王尔德创作的小说《道林·格雷的画像》中的人物.

汤姆·索亚[1]

《 要想让一个大人或者小孩对某件事情产生渴望，
只要把那件事情变得来之不易. 》

安娜·卡列尼娜[2]

《 她读到小说中的女主人公看护病人，
她就渴望自己在病房里悄悄地走动；
她读到国会议员发表演说，她就渴望自己去做这样的演说. 》

[1] 美国作家马克·吐温创作的小说《汤姆·索亚历险记》中的人物.
[2] 俄国作家列夫·托尔斯泰创作的小说《安娜·卡列尼娜》中的人物.

尤利西斯[1]

《 从那儿出发，我们继续向前，庆幸逃离了灾难，虽然心里悲哀，怀念死去的战友，亲爱的伙伴。 》

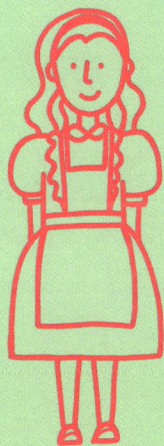

爱丽丝[2]

《 你们看，爱丽丝最近遇见了这么些稀奇古怪的事情，她真觉得世界上没有什么做不到的事情了。 》

[1] 出自古希腊诗人荷马的作品"荷马史诗"。
[2] 英国作家刘易斯·卡罗尔创作的《爱丽丝梦游仙境》和《爱丽丝镜中奇遇记》中的人物。

爱玛·包法利[1]

《 爱玛越来越乖戾任性。她要了几样菜。菜来了，动也不动。 **》**

杰基尔和海德[2]

《 一次迹象表明：本来那个比较好的我，在我身上慢慢地维持不下去了，

正在慢慢地同另一个比较坏的我合流。 **》**

[1] 法国作家福楼拜创作的小说《包法利夫人》中的人物。
[2] 英国作家罗伯特·史蒂文森创作的小说《化身博士》中的人物。

桑鲁佐德^❶

她对国王说：今天这个故事讲完了，

《 如果国王陛下能够开恩，让我再多活一天，接下来的故事 》

会比之前的更加精彩呢！

还有其他你喜欢的文学作品中的人物吗？有哪些？

_____

_____

_____

_____

❶ 出自阿拉伯民间故事集《天方夜谭》（又名《一千零一夜》）。

127

最想忘记的一天

在听什么呢?

129

我的观点 My Opinion

有时，会在朋友圈看到一些只展示局部的照片，它们并不能代表现实。
美颜的极限在哪儿？怎样才能避免越界呢？

毫无疑问，
讲真，
我认为……
我承认……
显然……
在我看来，
但是……
此外，
由于……
然而，
总之……

在听什么呢？

我的"古早"朋友圈

Challenge 挑战

使用时间最长的社交软件是什么？
打开看看自己最早发布的内容。

描述一下看到这些内容时的感受吧。

133

待看
书目和剧集

书

剧

回忆趣事

播放列表

逃离滤镜的过程中一直在听的歌曲。

把你写这本笔记，进行内心剖白时听的歌曲放进专属播放列表。

这个列表将成为你熬过糟糕日子的秘密武器。

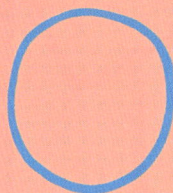

我的专属播放列表

播放 ♡ …

歌曲   歌手

♡

♡

歌曲　　　　　　　　　歌手

♡

♡

♡

♡

♡

♡

♡

♡

♡

♡

♡

♡

♡

梦境之旅

最近梦到了什么?

疯狂的梦

_____
_____
_____
_____

_____
_____

焦灼的梦

_____
_____
_____
_____
_____

值得铭记的梦

_____
_____
_____
_____
_____
_____
_____
_____

筑梦盲盒

_____
_____
_____
_____
_____
_____
_____
_____
_____

令人尴尬的问卷

边洗澡边尿尿还是
偷偷尿在泳池里？

蹲坑时玩手机还是
平板电脑？

更能接受闻臭脚
还是舔脚趾？

宁愿有腋臭还是口臭？

一无所知还是
博闻强识？

更能忍受爆米花屑卡牙缝还是
头发卡喉咙？

宁愿睑上长痘还是
屁股上长疙瘩?

宁愿额头上长肚脐还是
下巴上长乳头?

宁愿富可敌国但孤独终老还是
一贫如洗但真爱常伴?

更喜欢拥抱还是亲吻?

宁愿头疼还是牙疼?

宁愿被骗还是骗人?

具有成年人的思想还是
始终保持天真?

宁愿忍受寒冷还是恐惧?

你还能想
到更尴尬
的问题吗?

¿ _____ ?

¿ _____ ?

你有我没有

玩过"你有我没有"吗？带上这本笔记，约上三五好友，来一场妙趣横生的"你有我没有"。

如果还不知道游戏规则，快去查查吧。

我咬过别人借给我的笔

我逃过学

我舔过老师借给我的笔

我偷过粉笔

我曾为了让别人不来烦我而假装生气

我曾吻过别人

我曾在蹲坑的时候耶耶微信

我曾不小心把聊天截屏发给了当事人

我曾连续几天穿同一条内裤

我曾对某人一见钟情

我曾对某个老师出言不逊

我曾为了逃课假装生病

我曾在上课时接电话

我曾为了让情绪更低落而故意听悲伤的歌

我曾在上课时聊微信

我曾用过各种方法假装发烧

我曾在学校打过架

我曾在学校厕所里自拍

我曾一口气追完一部剧

我曾在课上睡觉（真的睡着的那种）

我曾为某人哭过

我曾作过弊

我曾模仿过某位老师

145

还能想到更多的情况吗?
你有我没有……

147

Ultimate Challenge 终极挑战

在这本笔记中,你最喜欢的是……

最不喜欢的是……

你曾把这本笔记带去过哪些地方？

✓
✓
✓
✓
✓
✓
✓

还能再补充些什么吗？

未完待续……

（如果你想要的话）

图书在版编目（CIP）数据

跟自己聊聊 /（西）埃利娅·里乌达维茨，（西）克
里斯蒂安·奥利夫著；（西）安娜·弗拉德拉图；程超
译. -- 北京：北京联合出版公司，2024.6

ISBN 978-7-5596-7565-1

Ⅰ.①跟… Ⅱ.①埃… ②克… ③安… ④程… Ⅲ.
①青少年心理学—通俗读物 Ⅳ.①B844.2-49

中国国家版本馆CIP数据核字（2024）第074867号

北京市版权局著作权合同登记　图字：01-2024-1441号

Original title: El cuaderno donde por fin me puedo expresar sin filtros. Mi YO
©Text: Cristian Olivé and Èlia Riudavets. Illustrations: Anna Fradera, 2020
©Larousse Editorial, S.L.,2020

跟自己聊聊

作　　者 :（西）埃利娅·里乌达维茨　（西）克里斯蒂安·奥利夫
绘　　图 :（西）安娜·弗拉德拉
译　　者 : 程　超
出 品 人 : 赵红仕
选题策划 : 先后出版
策划编辑 : 朱　笛
责任编辑 : 孙志文
特约编辑 : 李慧佳
装帧设计 : 熊　琼
版权支持 : 王悠哉

北京联合出版公司出版
（北京市西城区德外大街 83 号楼 9 层　100088）
天津海顺印业包装有限公司印刷　新华书店经销
字数 31 千字　880 毫米 × 1230 毫米　1/32　5 印张
2024 年 6 月第 1 版　2024 年 6 月第 1 次印刷
ISBN 978-7-5596-7565-1
定价 : 68.00 元